AF454422

MONT-CENIS

OU

TUNNELS DES HAUTES MONTAGNES

SUIVI DU

CHEMIN DE FER DE PARIS A PÉKING

PAR

M. Édouard LAGOUT

ANCIEN ÉLÈVE DE L'ÉCOLE POLYTECHNIQUE

ANCIEN INGÉNIEUR EN CHEF DE LA LIGNE DE L'ADRIATIQUE

OFFICIER D'ACADÉMIE

INGÉNIEUR DES PONTS ET CHAUSSÉES

QUAND ON VEUT SAVOIR

IL FAUT :

Lire une première fois pour connaître,

Lire une seconde fois pour comprendre,

Lire une troisième fois pour SAVOIR.

PARIS

E. DENTU, LIBRAIRE-ÉDITEUR

PALAIS-ROYAL, 17 ET 19, GALERIE D'ORLÉANS

—

1871

APPRÉCIATION DE LA PRESSE PARISIENNE
ET CONTINENTALE

LE CHEMIN DE FER DE PARIS A PÉKING

Il faut quelque chose pour faire, avec la pure farine, le bon pain blanc qui est l'honneur de nos tables, et ce quelque chose est le levain. Il faut quelque chose aussi, pour faire de la science la mère des inventions utiles, et ce quelque chose est aussi un levain, qui s'appelle l'*imagination*.

M. Edouard Lagout, auteur de l'*Équation du Beau*, possède à la fois la pâte et le levain, et c'est pourquoi il fait, à ses heures, tant d'inventions utiles, s'appliquant aux chemins de fer, aux campements, aux ambulances, aux incendies, aux inondations, aux maisons que nous habitons et aux montres que nous avons dans nos poches.

M. Lagout est trop ingénieur pour ne pas s'être ému du percement du Mont-Cenis, et trop homme d'imagination pour n'avoir pas compris, dès le premier coup d'œil, qu'on ne pouvait s'arrêter en si bon chemin.

Il avait donc publié, dès 1862, dans un de nos recueils les plus vastes et les plus utiles, l'*Annuaire encyclopédique,* une savante étude sur le percement du Mont-Cenis. Là, encore, il mettait la science à la portée de toutes les intelligences, faisait fonctionner, des deux côtés de la montagne, les machines perforatrices, et, soumettant au calcul leur travail incessant, annonçait qu'elles finiraient par se rencontrer au milieu du massif énorme, en l'an de grâce 1870. (RÉALISÉ.)

Mais si l'on perce les Alpes, pourquoi ne percerait-on pas les Balkans? pourquoi ne percerait-on pas le Taurus et les montagnes de l'Inde, et celles de l'Indo-Chine, et celles de la Chine? Et M. Lagout, sans plus tarder, ouvrait tous ces tunnels, après en avoir établi le prix de revient, jetait sur le Bosphore un pont en acier fondu, d'une seule travée, sans piles intermédiaires, franchissait comme des ruisseaux et l'Euphrate et le Tigre, et l'Indus et le Gange, et arrivait à toute vapeur à Péking, en poussant ce cri triomphant :

Plus de famine en Europe !

Ce travail remarquable ne pouvait passer inaperçu. Les journaux de Londres l'ont encore invoqué dans ces derniers temps, à l'appui du projet soumis à M. Gladstone, pour l'établissement d'un chemin de fer qui, suivant la direction indiquée par M. Lagout, dans l'*Annuaire encyclopédique,* mettrait Londres à cinq ou six jours de Bombay et de Calcutta.

M. Edouard Lagout a pensé qu'il serait utile de faire un tirage à part de son article de 1862, et nous nous empressons de signaler au public cette brochure intéressante à tant d'égards, et terminée par un Appendice résumant, en moins de deux pages, toute l'économie du grand tunnel après son complet achèvement.

(Opinion nationale.)   ALEXANDRE BONNEAU.

Le *Journal des Débats* en 1862, et nombre de journaux à sa suite ont souhaité la réalisation du rêve de M. Edouard Lagout, car c'était un rêve en 1862. Le *Siècle* du 29 août 1871 reproduit in-extenso le sixième chapitre de cette brochure : *Chemin de fer de Paris a Péking* : c'est sans doute ce journal qui a donné l'impulsion à la presse anglaise, en tête de laquelle il faut placer le *Times* et le *Daily News.*

LE TOUT-SAVOIR

Les réunions d'hommes aux fêtes industrielles comme les expositions, les inaugurations de grands travaux, stimulent deux penchants opposés : la nonchalance et la curiosité. C'est peut-être un défaut et une vertu.

L'apathie naît du confortable qui vient s'offrir à tous ceux qui ont la bourse garnie, — c'est le cas des réunions nombreuses.

La vertu opposée naîtra du désir bien naturel de ne pas paraître un sot ; — l'homme en fêtes ou en voyage voudrait *tout savoir*.

****

Pour distribuer le *Tout-Savoir* à tant de gens qui le désirent, il faut créer une institution nouvelle répondant à ce besoin nouveau de ne pas paraître sot devant tout le monde.

Et puis ne voilà-t-il pas la décentralisation qui va créer des législateurs, administrateurs, ingénieurs, éducateurs, contrôleurs de départements, sous le nom de *commissions administratives* des conseils généraux ?

****

Toutes ces opérations de l'esprit ne se font pas avec du sens commun, il faut autre chose que le sentiment du juste et de l'injuste, de la ligne droite et de la ligne courbe, il faut plus que cela pour gérer les affaires du pays et les siennes propres.

Mais comment sortir de cette impasse, puisque nous sommes des paresseux et des ignorants engourdis ?

****

Eh bien ! je vais humblement vous le dire. On va donner un corps à une nébuleuse qui flotte depuis dix années sur l'horizon intellectuel. On va créer pour nous des *almanachs* tels que ceux-ci :

Almanach du Savoir sans peine...................... à Paris.
Almanach du Prompt-Savoir........................ au canton.
Almanach du Tout-Savoir.......................... au village.

L'idée m'en a été confiée par un ingénieur polytechnicien d'une haute position, qui a une cervelle fortement trempée et qui connaît son monde, hommes et choses.

.*.

Mais c'est une chimère ! Qui fera un tel LIVRE ?

Nous tous ! Il est commencé. C'est le monument de la décentralisation éducatrice. Vous n'avez qu'à écrire un mot au directeur de l'*Echo de Nogent-sur-Seine,* qui vous enverra sans frais quelques petits matériaux de ce monument qui se construit patiemment, toutes les semaines, par quelques bénédictins de province, qui ne sont ni chasseurs, ni pêcheurs, ni joueurs de domino, et qui utilisent ainsi les loisirs auxquels chacun a droit, quelle que soit sa profession.

.*.

Pour ma part, je connais deux petits chefs-d'œuvre de bénédictins de province et je compte bien, les considérant comme deux carrières utiles, en extraire des matériaux pour notre ALMANACH du TOUT-SAVOIR.

Je n'ai jamais rencontré les auteurs de mes petits chefs-d'œuvre, et aucun de mes amis ne les connaît, de sorte qu'ils voudront bien me pardonner la liberté que je prends d'en user ainsi avec aux en citant leurs ..ceptions :

Causerie sur la Mécanique, de Léon Brothier;

L'Histoire d'une Bouchée de pain, de Jean Macé.

.*.

Notre monument du *Tout-Savoir* aura des matériaux à pointe de diamant. Chacun pourra s'en procurer gratis. A ce propos, je ne puis m'empêcher de citer les aimables et fines causeries de M. le docteur Auzoux sur la *Physiologie comparée.*

J'espère bien qu'il enverra la fleur de son panier au rédacteur du *Tout-Savoir,* à Nogent-sur-Seine.

.*.

L'opuscule qui va suivre est extrait de l'*Annuaire encyclopédique de* 1862, qui a pour directeur un journaliste vaillant, et qui, malgré son attitude politique résolue, jouit de la plus grande considération, à cause de son impartialité et de son talent, auprès de tous ses confrères de la presse parisienne.

Or, mon directeur a bien voulu me dire que l'inauguration du tunnel du Mont-Cenis donnait de l'actualité à l'article fait en 1862, et que cet article contenait, d'ailleurs, un ensemble de considérations fondamentales sur les tunnels et les tracés des chemins de fer, et qu'alors il serait lu avec fruit, maintenant et plus tard.

Ah ! s'il méritait d'être admis dans la collection du *Tout-Savoir,* j'en serais bien heureux.

SOMMAIRE

I

Etat de la science de l'Ingénieur avant l'entreprise du Tunnel
du Mont-Cenis.

II

Tunnels des hautes montagnes — ne peuvent être percés qu'aux deux extrémités, et non par des puits d'attaque. — Le Mont-Cenis eût exigé un travail séculaire. — Ingénieuses machines produisant une perforation trente fois plus rapide au moyen de l'air comprimé par une chute d'eau.

III

Considérations pratiques. La perforation étant suspendue pendant le déplacement des ateliers mécaniques et le désencombrement du chantier, l'avancement du tunnel au lieu d'être trente fois plus rapide qu'à bras d'hommes, se trouve être décuplé. — C'est là qu'est le progrès acquis. — Prévision de l'achèvement faite en 1862 et réalisée en 1870 à l'époque indiquée.

IV

Tunnels ordinaires. — Souterrains de quelques hectomètres de longueur. — Courbes et pentes des chemins de fer selon les catégories, savoir : Chemins de fer *intercontinentaux*; Chemins de fer *internationaux*; Chemins de fer *interprovinciaux*.

V

Prix de revient des tunnels les plus importants.

VI

Chemin de fer de Paris à Péking.

I

Les grands continents qui émergent à la surface du globe pourront-ils être sillonnés un jour, dans toute leur longueur, de voies ferrées continues ? La réalisation de ce rêve merveilleux tient à la solution pratique du problème du percement des grandes chaînes de montagnes. On y arrivera, c'est indubitable.

Est-on près de réussir au Mont-Cenis ?

Y avait-il une meilleure combinaison pour traverser les Alpes que ce souterrain de *treize kilomètres*, inabordable dans sa longueur par de puits d'attaque, selon les moyens ordinaires ?

Valait-il mieux s'élever à la hauteur de quelque col, vers la région des neiges et des avalanches pour n'avoir à ouvrir que des tunnels de petite dimension ?

C'est ce que nous avons dû examiner soigneusement avant d'être convaincu des immenses progrès techniques et des inappréciables bienfaits qui seront acquis à l'humanité par le grand tunnel de 13 kilomètres percé au pied des Alpes, au niveau des vallées fertiles arrosées par des cours d'eau qui ont déjà perdu l'allure et le nom de torrents.

*
* *.

Voyons d'abord quel est le progrès en voie de s'accomplir au Mont-Cenis. Jusqu'à présent on effectuait le percement des tunnels dans des roches au moyen de barres à pointes d'acier, maniées à bras d'hommes, pour creuser des trous de mine destinés à recevoir la poudre dont l'explosion détache les masses que l'on débite ensuite en morceaux susceptibles d'être transportés en dehors de la galerie souterraine.

L'avancement journalier n'est guère que de 20 centimètres pour des sections de tunnels à deux voies variables entre 50 et 80 mètres carrés, selon que le percement a 500 ou 1,500 mètres de longueur et plus.

Cet excès de section est utile dans les longs tunnels pour l'assainissement de l'air vicié par la fumée des locomotives et aussi pour la facilité des réparations et la sécurité des ouvriers.

*
* *

Cela posé, il est aisé de se rendre compte de l'avancement d'un chantier d'attaque.

Il est de 20 centimètres pour un jour.

Il sera de 100 mètres pour 500 jours.

Et comme l'année de 365 jours ne compte que pour 333 jours de travail effectif, en raison des pertes de temps occasionnées par la mise en train des chantiers, il en résulte que les 500 jours de perforation des roches absorberaient le temps d'une année et demie.

L'achèvement d'un souterrain de 13 hectomètres, qui est dans les conditions indiquées plus haut, exigerait donc une période de neuf années trois quarts, soit dix années, si l'on n'avait pas d'autres ressources, comme au Mont-Cenis, que de l'attaquer par chacune des deux extrémités où l'on avancerait de 100 mètres en une année et demie, soit le double ou 200 mètres pour les deux chantiers.

*
* *

On élude aisément cette difficulté en pratiquant sur le parcours du tracé des puits distancés de 200 mètres environ, aboutissant à la section du souterrain projeté. Chacun de ces puits fournit deux points d'attaque en sens opposés, et tous ces ateliers, s'avançant les uns vers les autres, doivent se rencontrer, au bout d'un an et demi, à 100 mètres environ du point de départ. Mais comme le travail de perforation de ces puits et des galeries de jonction à l'artère principale, ainsi que l'installation sur place des machines d'extraction des matériaux, a exigé une année et demie avant l'attaque effective, il en résulte qu'en définitive *il faut trois années* pour terminer un tunnel, *quelle que soit sa longueur*, lorsque la montagne à percer ne s'élève pas à plus de 100 mètres (maximum de profondeur des puits) au-dessus du niveau de la voie. — *On pourrait, en trois ans, faire le tour de la terre en tunnel.*

II

Il n'en est pas ainsi au Mont-Cenis. Le sommet de la montagne se trouve à 1,600 mètres au-dessus du niveau de la voie; or, des puits d'une telle profondeur ne sont même pas discutables, et il n'y a d'autre alternative que d'élever les rails à la hauteur des cols déjà franchis par les routes ordinaires ou de trouver le moyen d'accélérer dans une grande proportion le travail de perforation de la galerie, en l'attaquant résolûment par les deux extrémités.

* *

Nous venons de voir qu'à raison de 20 centimètres d'avancement par jour, il faudrait dix ans pour ouvrir, en l'attaquant par les deux extrémités, un souterrain de 13 hectomètres dans des roches dures, percées par des barres à mine maniées à bras d'hommes, selon les procédés ordinaires. Le souterrain du Mont-Cenis, qui a 13 kilomètres, nécessiterait alors un *travail séculaire* en proportion, comme on l'affirmait en 1835, quand M. Médail émit la première idée du percement des Alpes.

Employer cent ans pour percer un tunnel est une entreprise incompatible avec la fiévreuse impatience industrielle de notre époque. Si l'on ne pouvait atteindre en moins de temps ce résultat, nous ne devrions encore pas hésiter, pas plus qu'un père de famille n'hésite à reboiser des terrains rebelles à la charrue pour assurer le bien-être de ses enfants; mais les générations actuelles sont pressées de jouir, et voici des ingénieurs intrépides qui, depuis vingt ans, sont à se creuser l'esprit pour inventer une machine qui *décuple* l'activité du travail de perforation des tunnels, tout en apportant un nouvel élément de succès pratique dans l'aération de ces profondes galeries, où les ouvriers perdraient bientôt leurs forces et leur santé si l'air, vicié par l'éclairage ou la combustion de la poudre, n'était pas renouvelé à chaque instant.

Cette machine fonctionne aujourd'hui, en 1862, aux deux extrémités du tunnel, sous la direction de trois ingénieurs sardes, MM. Gran-

dis, Gratone et Sommeiller qui ont eu le bonheur éclatant de perfectionner les systèmes étudiés avant eux et de composer un *compresseur
hydraulique* qui tranche le nœud gordien des difficultés d'exécution.

Rien n'est plus ingénieux, plus complet, plus rassurant que cette
combinaison.

Le moteur n'est autre que l'air comprimé à six atmosphères obtenu
par l'utilisation d'une chute d'eau de soixante-dix mètres. L'outil per-
forateur lancé par le moteur creuse un trou de mine *douze* fois plus
rapidement que l'ouvrier avec ses bras.

Enfin, dans la même section, on peut attaquer le roc avec quinze
forets, là où six mineurs avaient de la peine à manœuvrer avec une
barre à mine pour chacun, ce qui procure un nouvel avantage de
rapidité dans le rapport de 15 à 6, c'est-à-dire de *deux et demi*
pour un.

Or, 2,5 fois plus de forets, allant douze fois plus vite, procurent en
définitive une accélération *trente fois* plus grande.

<h2 style="text-align:center">III</h2>

Voilà un prodigieux résultat, une immense conquête, qui équivaut
à la *suppression de toutes les chaînes de montagne* pour les relations in-
tercontinentales. (Germe de l'idée du chemin de fer de Paris à Péking.)

Reste à améliorer, par des moyens aussi ingénieux, les opérations
subséquentes : l'explosion à la poudre, le morcellement des blocs,
l'assainissement de l'air et le transport des débris.

Si tout était à l'unisson, le délai d'achèvement d'un tunnel de
13 kilomètres ne serait plus d'un siècle, mais d'un trentième de siècle,
soit trois ans trois mois; mais les gaz produits par la combustion de la
poudre de mine contiennent de l'oxyde de carbone, qui est un poison,
on y a substitué de la poudre de guerre, qui n'est pas délétère, c'est
un premier point.

Cet amas de décombres, désagrégés ou détachés par la poudre, ne
peut être débité, chargé, enlevé proportionnellement aussi vite qu'il a
été produit.

On sait aussi que la température s'accroît à mesure qu'on pénètre
dans les profondeurs de la terre; elle serait de 50 degrés à 6 kilomètres, heureusement l'expansion de l'air comprimé qui lance les barres
à mine est un réfrigérant notable. Son action tempérante est-elle con-
venable avec le compresseur hydraulique, tel qu'il est construit ? Voilà
bien des perfectionnements à étudier, et les ingénieurs s'efforceront
de les trouver. (En réalité la température n'a pas dépassé 29 degrés.)

.
. .

Il serait déjà question de supprimer la poudre en remplaçant le système combiné des forets et de la poudre, par un appareil formé de
plateaux circulaires en fonte adaptés, à intervalles égaux, sur un arbre

mobile et armés à leur circonférence d'outils d'acier, comme les dents d'une scie rotatoire. Ce puissant engin ferait de profondes entailles dans la roche horizontalement et verticalement; il en résulterait des cubes allongés ou prismes rectangulaires, tenant encore à la montagne par une de leurs six faces; il ne resterait plus qu'à les abattre, au moyen de coins et de leviers.

Tout se réduirait, on le voit, à une question d'acier trempé, mais vigoureusement trempé et capable de ronger le granit et les quartz, sans exiger de trop fréquentes réparations.

Heureusement que toutes les montagnes ne sont pas de granit et de quartz; on trouvera des atténuations comme nos grands géologues en ont déjà constaté au Mont-Cenis, ce sont : les *grès micacés*, mélangés avec des *schistes micacés*; des *gypses ankydres: calcaires dolomiques; calcaire cristallital schisteux*, alternant avec le *schiste argileux*.

La dureté relative de ces formations décroît rapidement; en prenant pour étalon celle du diamant, représentée par 100, celle du quartz serait 70, et les autres 60, 50, 40, 30.

*
* *

En attendant que le nouvel appareil à scie roratoire ait pu être installé, le *compresseur hydraulique à forets* fonctionne aujourd'hui par les deux extrémités du tunnel avec un avancement journalier de 2 mètres par chantier d'attaque, ou de 4 mètres en tout, et enfin une accélération du *décuple*, eu égard à l'ancien système des barres à mine à bras d'hommes, ne fournissant, comme nous l'avons dit, que 0^m20, par attaque et par jour.

Si les embarras augmentent à mesure que l'on s'avancera sous le faîte, il y a lieu d'espérer deux compensations : la première dans la dureté moins grande des roches supposées de quartz dans les évaluations qui précèdent, et la seconde dans les perfectionnements progressifs, déjà assurés par l'esprit inventif des ingénieurs. (Réalisé.)

*
* *

Or, au moment où cet article est rédigé (avril 1862), il ne reste plus que 11 kilomètres à percer; on peut en *conclure qu'en huit années au plus (de 333 jours), les rails français seront joints au réseau italien.*

C'est en 1870 que sera consommée l'œuvre gigantesque du percement des Alpes au Mont-Cenis. (*Prévision réalisée.*)

*
* *

Les prévisions fondées sur des calculs détaillés accusaient un délai de six années à partir du moment où les perforateurs mécaniques pourraient être établis et fonctionner régulièrement; mais les ingénieurs n'avaient pas oublié, *in petto*, les retards imprévus qui surgissent ordinairement de la mise en activité de nouveaux engins, avec un personnel à former loin des centres d'activité industrielle à 1,350 mètres au-dessus du niveau de la mer, dans un climat où l'hiver règne, vif et sévère, pendant sept ou huit mois de l'année.

*
* *

En résumé, le percement des longs tunnels sous de hautes chaînes de montagne se réduit à vaincre deux sortes de difficultés capitales : une difficulté temporaire pour l'exécution rapide des travaux ; une difficulté permanente d'exploitation pour l'éclairage, la ventilation et l'assainissement de l'air vicié par la fumée des locomotives.

La première peut être considérée comme vaincue, et la seconde vient de l'être tout récemment par la locomotive *Folwer* qui brûle sa fumée sans même laisser échapper de vapeurs.

Elle vient d'être expérimentée au métropolitain *railway* de Londres, qui passe sous terre dans la moitié de son étendue. A ciel ouvert, la machine *Folwer* fonctionne comme une locomotive ordinaire ; mais aussitôt qu'elle entre dans le tunnel, elle cesse de fumer, et la vapeur, condensée par un appareil spécial, ne s'échappe plus en nuage.

Le maintien d'un air salubre dans les longs tunnels, dont le parcours n'exigera pas moins de 20 à 30 minutes, ne passera donc plus pour une utopie.

IV

La considération de climat qui précède n'est pas l'un des moindres inconvénients du système de la traversée des grandes chaînes de montagne en abandonnant les régions habitables où la végétation cesse pour s'élever vers le niveau des cols les plus déprimés, de manière à pouvoir les franchir à ciel ouvert, ou tout au moins par un tunnel de quelques hectomètres de longueur susceptibles d'être attaqués par des puits accessoires de 50 à 100 mètres de profondeur, au maximum.

C'est ainsi que dernièrement on annonçait qu'une Compagnie venait d'obtenir l'autorisation du gouvernement français d'étudier une nouvelle ligne pour le percement du Mont-Cenis par le col de Somma, dont la percée serait moindre que mille mètres, et dont la voie ferrée, dans les régions élevées, serait garantie contre la neige par des voûtes en maçonnerie, comme cela est pratiqué, disait le journal, pour les routes ordinaires, sur le Mont-Cenis et sur le Simplon. On prétendait, en outre, que les rampes ne seraient pas excessives, et qu'elles pourraient être franchies aisément par les locomotives.

*
* *

D'abord nous n'avons pas connaissance de ces voûtes qui protègent la route de terre du Mont-Cenis que nous avons traversé plusieurs fois, et ces voûtes coûteraient 1,000 fr. par mètre courant, soit la moitié environ du mètre courant du tunnel ; déjà ces routes de terre sont impraticables par certaines périodes de l'hiver, au moment des neiges abondantes, et le traîneau qui est dans ces moments le plus stable des véhicules ne laisse pas que de donner lieu parfois à des culbutes périlleuses dont nous avons été témoin.

Pour adapter une voie ferrée à des pentes aussi abruptes, à des mouvements de terrains si accidentés que ceux des Alpes et des grandes chaînes de montagne, en s'approchant du faîte il faudrait subir des rampes de 50 millimètres ou 5 centimètres par mètre qui sont déjà supérieures à celles que l'administration tolère pour les routes impériales, et pratiquer des courbes de 20 à 25 mètres de rayon.

*
* *

Pour les rayons si faibles la difficulté pratique est vaincue au moyen des trains articulés du système Arnoux au chemin de fer de Sceaux, mais en terrain presque horizontal.

Quels dangers des courbes si brusques ne feraient-elles pas courir à des trains en pente de 50 millimètres sur des rails à la température de 25 à 30 degrés au-dessous de zéro ?

Il n'y a pas encore 10 ans qu'on imposait aux ingénieurs du chemin de fer, les limites suivantes : pentes 5 millimètres ; rayons 1,000 mètres, et c'est au pied des Pyrénées que nous avons dû nous-mêmes construire une section d'après ces bases sur la ligne des chemins de fer du Midi.

*
* *

Cinq ans plus tard l'administration a toléré des limites moitié moins assujettissantes : pentes 10 millimètres ; rayons 500 mètres. Le dernier progrès de hardiesse s'est traduit dernièrement par de nouvelles limites, du simple au double, savoir : pentes de 20 à 25 millimètres ; — rayons 250 à 300 mètres.

L'ingéniosité humaine ne s'arrête pas, et voilà qu'on est arrivé à doubler encore la tolérance en décuplant la difficulté : pentes 40 à 50 millimètres, rayons 100, 50, et enfin 25 mètres !

*
* *

Où s'arrêtera-t-on ? Quand on réfléchira que ces tours de force, en éludant les difficultés *temporaires* de l'établissement des lignes nouvelles, grèvent *à perpétuité* l'exploitation de dépenses considérables, et condamnent éternellement les voyageurs et marchandises à gravir des hauteurs immenses pour les redescendre ensuite.

Dans l'espèce, chaque 100 mètres d'élévation en pure perte représente un grèvement de parcours de 20 kilomètres ; d'où il suit que le passage du Mont-Cenis au col, dont l'altitude est de 2,600 mètres, au lieu du niveau du tunnel, qui est à 1,300 mètres au-dessus du niveau de la mer, soit 1,300 mètres de différence, représente un allongement de parcours de 13 × 20 = 260 kilomètres.

**

Cependant chaque solution extrême a sa raison d'être : s'agit-il d'une ligne de *grande jonction intercontinentale,* n'hésitez pas à adopter les longues percées de plusieurs kilomètres comme au Mont-Cenis, en restant dans les zônes climatériques tempérées.

Mais veut-on franchir les Alpes suisses ou les Pyrénées entre les deux mers pour relier entre elles d'importantes provinces agricoles ou manufacturières, pour assurer la répartition des subsistances *en temps* de famine, oh! alors, adoptez les rampes de 50 millimètres et les courbes à faibles rayons.

En un mot, l'inclinaison des pentes limites doit être en raison inverse des populations à desservir, et les rayons des courbes en raison directe du chiffre de ces populations, et l'on appréciera ainsi par sentiment les différentes limites de pentes et de courbes pour les chemins de fer *intercontinentaux,* pour les chemins de fer *internationaux,* pour les chemins de fer *interprovinciaux.*

V

PRIX DE REVIENT DES TUNNELS LES PLUS IMPORTANTS.

Malgré les immenses obstacles pour arriver au percement effectif du Mont-Cenis, le prix du mètre courant, que l'on peut évaluer aujourd'hui avec assez d'approximation, ne s'élèvera pas à plus de 4,000 fr., somme assez voisine du prix maximum de quelques tunnels exécutés dans les conditions ordinaires, et égale au double environ du prix moyen des souterrains de quelques cents mètres de longueur.

Voici le tableau de quelques ouvrages les plus remarquables :

	Longueur en mètre.	Prix du mètre courant.
Terre Noire. — Chemin de Lyon à Saint-Etienne.	1.500	799 fr.
Braine-le-Comte. — Belgique............ ...	641	1.200
Boraste (Rhénan en Belgique).................		1.700
Kilsby (Londres à Birmingham).............	2.204	3.410
Bleckingley (Londres à Douvres)...........,......	872	1.992
Saitwood (Londres à Douvres)...............	872	3.664
Batignolles (Saint-Germain).................	333	2.380
Montretout (Versailles)...................	163	2.071
Saint-Cloud (Versailles)...................	504	2.180
Mont-Cenis, prévision des dépenses...	13.000	4.000

VI — CHEMIN DE FER DE PARIS A PÉKING

Etant résolu, au Mont-Cenis, le problème du percement des grandes chaînes de montagne, avec une dépense de quatre millions par kilomètre et une activité effective d'un kilomètre en un an et demi par chantier d'attaque, soit de *vingt kilomètres* en quinze ans pour les deux chantiers, s'avançant à chaque extrémité du tunnel à la rencontre l'un de l'autre, on arrive à la possibilité pratique et industrielle d'entreprendre le chemin de Paris à Péking de pied ferme.

Nous disons de pied ferme, car le détroit de Constantinople n'ayant guère que 700 mètres de largeur, serait aisément franchi par un pont maritime en acier fondu d'une seule travée, sans piles intermédiaires, puisqu'il est question de traverser le port de Messine par un pont métallique de quatre travées de 1,000 mètres chacune.

*
* *

Ainsi, avec les 55 millions du percement des Alpes et 45 millions pour le tunnel des Balkans, dans la Turquie d'Europe, on arrive de Paris à Constantinople. — En bloc, ... Francs : 100 millions.

De là, en traversant le mont Taurus, dans la Turquie d'Asie, on entre dans la vallée de l'Euphrate, on touche à Babylone et on aboutit au golfe Persique, mettons encore 40 millions pour ce dernier souterrain, ce qui nous mène à . . . . Francs : 140 millions.

Des bouches de l'Euphrate à l'Indus, on suivrait les côtes maritimes comme le chemin de fer en construction de Perpignan à Rome, par le littoral méditerranéen.

De l'Indus à la vallée du Gange, qui mène à Calcutta, il y aurait encore 20 millions peut-être à dépenser pour un tunnel.

Enfin, en remontant celui des affluents du Gange, qui contourne à l'Est les monts Hymalaïa, dans la direction de Nankin, il ne resterait que quatre grands souterrains de 20 millions chaque, pour entrer dans la vallée du fleuve Bleu, qui baigne Nankin.......... 240 millions.

Entre cette ancienne métropole de l'Empire Chinois et la nouvelle capitale, il existe un grand canal que le *chemin de fer intercontinental* pourrait suivre sans avoir à percer de nouvelles montagnes. — Total : 240 millions. — Soyons large et admettons.......... 300 millions.

*
* *

Jamais on n'atteindrait évidemment ce chiffre, puisque les inventions économiques essayées au Mont-Cenis vont se perfectionner; et qu'en outre on n'aura pas toujours du granit et du quartz à pulvériser, ce qui était la base de nos calculs.

Mais enfin, admettons 300 millions de dépenses pour supprimer les chaînes de montagne entre Paris et Péking, y aurait-il de quoi décourager le fanatisme social et humanitaire du siècle qui, à l'aide des transports rapides procurés par les voies ferrées, a pu conjurer le plus terrible des fléaux, celui de la famine, lequel n'a pas comme celui de la guerre le prestige d'une idée à soutenir ni d'un intérêt à défendre.

Ah ! que de milliards de francs enfouis dans les guerres, et qui n'ont même pas rapporté au monde le minime intérêt de curiosité qui s'attache aux pyramides d'Égypte !

(*Fin de l'extrait de l'Annuaire encyclopédique de 1862.*)

APPENDICE

L'Avenir. — Les prévisions, écrites en 1862, réalisées à jour fixe, de l'époque de l'achèvement de ce travail gigantesque flanqué d'inconnu touchant au surnaturel, donnent un double intérêt à la reproduction de l'article ci-dessus de l'*Annuaire encyclopédique* : un intérêt de curiosité, mais il est éphémère ; un intérêt scientifique, dont l'effet permanent est d'exciter l'esprit d'entreprise et de rassurer les capitaux qui s'y engagent.

Ma conclusion pratique est celle-ci : donnez-moi des administrateurs intègres, la science vous fournira des ingénieurs capables.

A ces conditions, le canal de Suez, les câbles transatlantiques de création nouvelle, et plus tard le tunnel sous la Manche, le chemin de fer de Paris à Péking, s'effectueront sans tâtonnements ruineux et donneront des profits à leurs hardis actionnaires.

*
* *

Sommeiller. — L'inauguration du tunnel a eu lieu le 17 septembre 1871. — Jour solennel de triomphe et de deuil. — Sommeiller, l'un des trois ingénieurs, n'existait plus.

Il avait vu le 25 décembre 1870 les deux escouades d'ouvriers français et italiens se joindre au milieu du tunnel. — La percée des Alpes était faite. — L'émotion fut trop vive pour une organisation battue par dix années d'espérances mêlées de craintes. — Après ce dernier coup, sa mission était finie et ses derniers jours étaient comptés. — Il alla mourir en paix dans sa ville natale de Saint-Isoire où il expira au mois de juin 1871.

*
* *

Projet. — Le tunnel est à deux voies, sa *largeur* est de 8 mètres et la *hauteur* sous clef de 7 mètres 26.

Le *tracé* est une ligne droite, pour faciliter l'implantation et l'aération.

Les *pentes* sont de 23 millimètres par mètre sur la moitié de sa longueur, versant français ; — elles sont de 1/2 à 1 millimètre par mètre versant italien. — Au milieu est un palier horizontal de 1,295 mètres de longueur.

*
* *

Organisation des Travaux. — Il y avait un administrateur, trois ingénieurs : Sommeiller, Grandis, Gratone, et de trois à quatre mille ouvriers.

*
* *

Chantiers d'attaque. — Il n'y a pas eu de changements notables aux machines décrites ci-dessus en 1862. Voici de nouveaux détails :

1° L'explosion se faisait à la poudre ; avant de mettre le feu, les ouvriers se réfugiaient derrière la cloison de sûreté qui suivait les chantiers à cinq mètres de distance.

2° Puis on y injectait de l'air comprimé.

3° Enlèvement des débris.

4° Armement des voûtes, on étayait les blocs menaçants.

5° Construction de la voûte de revêtement.

* *

PRIX DE REVIENT. — Le tunnel revient à 75 millions de francs, ce qui fait ressortir le prix du mètre courant à 4,617 francs.

Ces chiffres résultent d'un traité fait avec les ingénieurs avec approbation du corps législatif italien en date du 27 avril 1871.

* *

CONSÉQUENCES DU TUNNEL DES ALPES :

Politiques. — Lien entre l'Italie et les nations latines.

Commerciales. — Premier tronçon du chemin de fer intercontinental de Paris à Péking.

Industrielles. — Possibilité de tirer profit d'une force hydraulique de soixante-dix mille chevaux dans les vallées de la Dora (Italie) et de l'Arc (France). Ces vallées sont riches en bois, en minéraux et en troupeaux.

* *

LA POSTÉRITÉ. — Telle est l'œuvre du percement du Mont-Cenis exécuté en dix ans par un grand atelier sous la direction d'un triumvirat technique dont l'un des membres, SOMMEILLER, présent au dernier coup de marteau, reçut en même temps le premier coup de la MORT et de l'IMMORTALITÉ.

TRAVAUX DE VULGARISATION, DU MÊME AUTEUR

ABRIS LÉGERS

BARAQUES DE CAMPEMENTS CIVILS ET MILITAIRES

Économiques et Salubres

Trois inventions approuvées ; en 1857 par le Conseil des bâtiments civils, — en 1858 par le Comité consultatif d'hygiène publique.

Applications : en 1856 au chemin de fer du Midi, — en 1858 au camp de Châlons-sur-Marne,— en 1860 aux ambulances des îles de la Réunion (général de Cissey), — en 1871 au camp d'Avor (colonel du Génie Lescq).

Une brochure avec dessins d'exécution (épuisée).

(Voir la suite).

TRAVAUX DE VULGARISATION, DU MÊME AUTEUR

(SUITE)

AVIS AUX GENS D'ORDRE

Brochure politique et financière. — Vade mecum des rentiers d'Etat. — La France comparée à une ferme bien tenue. — Intervention utile des banquiers dans les emprunts publics. — Br. 30 centimes.

L'ÉQUATION DES CRUES

LOI SIMPLE ET PRATIQUE DES INONDATIONS, JUGÉE VRAIE APRÈS EXAMEN OFFICIEL DE M. LAMÉ, DE L'INSTITUT.

·Plusieurs Mémoires fondus en une causerie à la portée de tous.

Applications officiellement approuvées pour la fixation des débouchés des ponts du chemin de fer d'Ancône au Pô, sur les torrents des Apennins, ligne de l'Adriatique. — Br. sous presse. Prix : 50 centimes.

L'ÉQUATION DU BEAU

LOI SIMPLE ET FAMILIÈRE DE JUSTESSE DES PROPORTIONS DANS LES ARTS DU DESSIN, UTILE POUR LES COMPOSITIONS D'ART INDUSTRIEL, ETC., ETC.

Académie des Beaux-Arts. — Approbation officielle de la loi. Inédit.

Académie des Sciences. — Insertion du Mémoire dans le *Moniteur officiel* du 20 mai 1865. Nouvelle édition en préparation. — In-8. 50 c.

Architecture nouvelle. — Application aux monuments de Paris. Extrait de l'*Encyclopédie du XIXe Siècle,* gravures, annuaire 1862.

Architecture nouvelle. — *Idem, idem,* gravures, annuaire 1863.

Statuaire nouvelle avec un croquis de Michel-Ange trouvé à la bibliothèque de Bologne. — C'est le dessin rhythmé d'un héros qui est l'expression vivante et nette de l'*Equation du Beau.* — Chaque, 1 franc.

L'ÉQUATION DU TEMPS

UNE CAUSERIE FAMILIÈRE SUR LES LOIS DU MONDE PLANÉTAIRE, FAITE, PAR MISSION MINISTÉRIELLE, AUX ÉCOLES PROFESSIONNELLES DE CHALONS, GRIGNON, MONTARGIS, PUIS EN CONFÉRENCES PUBLIQUES A CHALONS, COMPIÈGNE, PARIS, AU BOULEVARD DES CAPUCINES.

Cette brochure contenant plusieurs gravures est à l'impression.

RÉGULATEUR DES MONTRES

Instrument populaire de précision du temps. — Cadran solaire équatorial, avec l'écart journalier de l'*Equation du Temps.* — Approbation officielle de M. Le Verrier, directeur de l'Observatoire de Paris; approbation du R. P. Secchi, de l'Observatoire de Rome. Prix : de 30 à 50 fr.

Le petit Régulateur des Montres, prêt à poser partout, c'est le *guidon solaire* du cantonnier, du barragiste et du garde-barrière. 10 francs.

Le Cadran des Écoles, réunissant l'utile à tout le savoir nécessaire en Astronomie. — Chez DETOUCHE, 222, rue St-Martin. . . . 72 francs.

Paris. — Imp. Balitout, Questroy & Cⁱᵉ, 7, rue Baillif, et 18, rue de Valois.

www.ingramcontent.com/pod-product-compliance
Lightning Source LLC
LaVergne TN
LVHW021605170726
843501LV00010B/3867